DISSERTATION
SUR
L'ELECTRICITÉ DES CORPS.

QUI a remporté le Prix au Jugement de l'Academie Royale des Belles Lettres, Sciences & Arts.

Par Monsieur DESAGULLIERS, de la Societé Royale de Londres, Chapelain de M. le Prince de Galles.

A BORDEAUX,
Chez PIERRE BRUN, Imprimeur-Aggregé de l'Academie Royale, ruë Saint James.

M. DCC. XLII.

AVEC PRIVILEGE DU ROY.

DISSERTATION
SUR
L'ELECTRICITÉ
DES CORPS.

L'ELECTRICITE' eſt une proprieté de certains Corps, par laquelle ils attirent & repouſſent alternativement tous les petits Corps dont on les aproche ; & cela à des diſtances aſſez ſenſibles, depuis un quart de pouce juſqu'à deux ou trois pieds, & quelquefois plus loin.

Le premier Corps dans lequel on a obſervé cette vertu ou proprieté, étant l'Ambre, ou, *Electrum* des Latins, on lui a donné le nom d'*Electricité*, qu'on a retenu, quoiqu'une infinité d'autres Corps ayent la même vertu, comme toutes fortes de verres, les cryftaux, les pierres précieufes, les réfines, les foufres, quelques mineraux, les fubftances animales féches (les vegetaux) quoique rarement, mais jamais l'eau & les fluides aqueux, humides, & les métaux

L'Electricité, qui eft inhérente dans plufieurs Corps, ne fe fait guére apercevoir, à moins qu'on ne leur donne un mouvement de vibration, en les frottant, ou par quelqu'autre action, pour en faire fortir des *effluvia*, ou émanations.

Je diftingue toutes fortes de Corps, en *Corps électriques d'eux-mêmes*, & Corps *non électriques d'eux-mêmes*. Un Corps électrique par foi-même, eft un Corps dans lequel on peut exciter l'Electricité par quelque action fur ce Corps, chauffant, battant, ou quelquefois en l'expofant feulement à un air froid & fec, après qu'il a été couvert, &c. Le Corps *non électrique par foi-même*, ne peut être excité à l'Electricité par aucune action fur le Corps même: Cependant les Corps non électriques *per fe*, reçoivent l'Electricité, quand on en aproche des Electriques *per fe*, dans lefquels on a excité l'Electricité. Pour qu'on s'aperçoive que les non-Electriques *per fe*, ont reçû l'Electricité, il faut que ces Corps foient ifolez, c'eft-à-dire, qu'ils ne foient fufpendus ou fuportez que par des Electriques *per fe*; car fi un non-Electrique eft touché par un autre non-Electrique, qui en touche un troifiéme, & ainfi de fuite, toute l'Electricité reçûë par le premier, ira au fecond, & du fecond au troifiéme, & ainfi fe perdra enfin fur la terre. Mais fi plufieurs Corps-non électriques fe touchant, font enfin terminez par des Corps électriques, à cet égard ils ne font qu'un même Corps, & reçoivent & retiennent pendant quelque tems l'Electricité.

Il y a plusieurs manieres de trouver quand les non-Electriques ont reçû l'Electricité (qu'on leur donne ordinairement en aprochant un Tuyau de verre excité par frottement d'une de leurs extrêmitez) En voici quelques-unes. Suposons qu'on ait suspendu horizontalement une barre de fer par deux fils de soye bien secs, & qu'on aproche à un des bouts de la barre, le Tuyau frotté, en présentant à l'autre bout de la barre, de la feüille d'or ou de cuivre, ou quelques autres petits Corps legers, sur un petit guéridon; ces Corps seront attirez & repoussez alternativement par la barre : de même aussi, si on aproche le visage, ou le bout du doigt de l'extrêmité de la barre, les émanations électriques, en sortant tout d'un coup, feront une piqueure fort sensible, un petit bruit de petillement, & produiront de la lumiere visible dans l'obscurité.

Un fil de lin fort délié d'environ un pied ou deux de longueur, suspendu par un petit bâton, étant aproché de la barre, en sera attiré sans en détruire l'Electricité qu'après quelque tems. Ce fil (que nous apellons *Fil d'épreuve*) sert à trouver quand la barre, ou tout autre Corps-non électrique a reçû de l'Electricité

Un Corps électrique *per se* ne reçoit pas cette vertu d'un autre Corps électrique excité, à moins qu'il ne soit devenu non-Electrique, ce qui arrive quand il devient humide; & alors on ne peut le rendre Electrique, que par communication : de sorte qu'un Corps électrique de soi même, peut devenir non-électrique ; de même qu'un Corps non-électrique de soi même, peut devenir électrique.

Les Corps électriques dans lesquels il est très-difficile

d'exciter l'Electricité, peuvent être regardez comme non-Electriques, quand leur Electricité n'est pas excitée ; & alors ils sont dans le même état que les non-Electriques *per se*, recevant l'Electricité par communication de la même maniere.

Avant que d'aller plus loin, il est à propos de parler de la differente maniere dont l'Electricité agit, en s'élançant des Corps électriques *per se* dans lesquels elle est excitée, & de la maniere dont elle agit, quand elle est reçûë par communication dans les Corps non-électriques d'eux-mêmes.

Comme il y a une infinité de Corps électriques, qui agissent à peu près de la même maniere, quand on y a excité de l'Electricité, je ne parlerai ici que du Tuyau qu'on frotte à la main, renvoyant mon Lecteur pour l'énumération des autres Corps électriques, & de leur effet, au Livre de feu Mr. Hanhsbée, aux Transactions philosophiques de Londres, aux Memoires de l'Academie Royale des Sciences à Paris, & aux autres Auteurs qui ont écrit sur ce sujet.

Le Tuyau de verre dont on se sert ordinairement dans les Experiences électriques, doit avoir environ trois pieds ou trois pieds & demi de longueur, un pouce & demi de diamétre, & environ une ligne d'épaisseur, ouvert aux deux bouts, & quelquefois hermétiquement scellé au bout le plus éloigné de la main. Ces proportions ne sont pas nécessaires à la rigueur ; seulement cette grosseur est la plus convenable pour la main ; & quand l'épaisseur est moins d'une ligne, l'Electricité est plûtôt excitée par le frottement, mais elle ne dure pas si long-tems, que quand le Tuyau est plus épais.

On tient le bout ouvert du Tuyau (quand il y a un bout fermé) dans la main gauche, & on le frotte de haut en bas de la main droite plusieurs fois, tenant en sa main du papier ou du drap sec; mais la main seule vaut mieux, si elle est bien séche, ce qu'on trouve assez rarement. Il est bon de chauffer un peu le Tuyau au feu pour le sécher, avant que de commencer, mais absolument nécessaire de le faire quand il fait un tems humide, qui est le plus inconvenient pour ces Experiences. L'air sec & froid est le plus convenable : peu de frottement suffit alors, mais il en faut beaucoup, & l'Electricité ne dure guére quand il fait humide.

Pour sçavoir si on a assez frotté le Tuyau, & si l'Electricité est suffisamment excitée, il faut passer le bout des doigts en travers près du Tuyau, à la distance d'environ un demi-pouce, & on entendra petiller les émanations électriques, qui partant du Tuyau, frapent les doigts & rebondissent sur le Tuyau : Alors on est assuré que le Tuyau est en état de faire ses effets, & bien préparé pour les Experiences électriques; mais il ne faut pas oublier de frotter le Tuyau de nouveau (du moins une fois) après qu'on l'a fait petiller en passant les doigts tout près, parce qu'à l'endroit où les doigts ont passé, on a détruit l'Electricité du Tuyau. Si l'on fait passer les doigts en long, d'un bout du Tuyau à l'autre (toûjours sans le toucher) on entendra un petillement continu, comme des épines qui brûlent dans un feu éloigné. Si l'on obscurcit la chambre, on verra des étincelles de lumiere par tout où le Tuyau petille ; & une lumiere aussi suit la main qui frotte le Tuyau.

QUELQUES EXPERIENCES DU TUYAU, qui suffisent à faire voir la maniere d'agir des Corps électriques per se.

Comme il faudroit un Volume entier, pour raconter toutes les Experiences électriques qu'on a fait, & les nouvelles qu'on fait tous les jours, je ne ferai mention ici que de quelques Experiences principales, qui serviront à expliquer les principes que j'établis, par lesquels on pourra toûjours deviner ce qui doit arriver à tout Corps qu'on excite à l'Electricité, ou qui reçoit cette vertu d'un Corps dans lequel elle a été excitée.

EXPERIENCE I.

Ayant mis sur un petit guéridon d'environ 7. ou 8. pouces de surface, de petits morceaux de feüille d'or ou de cuivre, ou quelques autres petits Corps legers, quand on en aproche le Tuyau frotté d'un pied ou deux de distance, ces petits Corps sont attirez & repoussez par le Tuyau alternativement pendant quelque tems; & quelquefois même sont repoussez du Tuyau après s'en être aprochez, sans l'avoir touché, & retournent vers le Tuyau, sans avoir touché le guéridon, après avoir été repoussez par le Tuyau, sautant & dansant avec une très-grande vîtesse.

EXPERIENCE II.

Ayant attaché une plume de duvet au haut d'une broche de bois de 6. ou 7. pouces de hauteur, fixée perpendiculairement à un pied, quand on en aproche le Tuyau excité, toutes les fibres de la plume s'étendent vers le Tuyau; mais d'abord qu'on éloigne le Tuyau, elles se rebroussent & s'apliquent fortement à la broche. Si on aproche le doigt de la plume, quand le Tuyau en attire les fibres, le doigt les repousse; mais d'abord qu'on éloigne le Tuyau, le doigt les attire. Si on couvre la plume d'un récipient de verre, (tel que ceux qui servent à la machine Pneumatique) bien sec, le Tuyau attire la plume de la même maniere au travers du verre: & tout de même aussi quand on l'a vuidé d'air par la machine Pneumatique, quand on frotte le Tuyau près du récipient, soit qu'il soit plein d'air ou vuide, les fibres de la plume suivent le mouvement de la main le long du Tuyau, se haussant & baissant sur leur broche.

EXPERIENCE. III.

Sans se servir de Tuyau, si on frotte le récipient qui couvre la plume, des deux mains, les fibres de la plume s'étendront vers le verre, comme les rayons d'une sphere. Si l'on ne frotte que d'une main, les fibres tendront vers l'endroit frotté; & après en souflant contre le verre, ces mêmes fibres seront repoussées, nonobstant l'interposition du verre; ce qui arrive aussi quand on frape l'air de la main vers la plume, sans toucher le récipent.

EXPERIENCE IV.

Ayant frotté le Tuyau, si quelque assistant lâche une plume de duvet dans l'air, à un pied ou deux du Tuyau, la plume s'aprochera du Tuyau par un mouvement accéleré,

& s'attachera au Tuyau pendant quelque tems, ensuite elle en sera repoussée tout d'un coup & voltigera dans l'air; de maniere que plus on en aprochera le Tuyau, plus elle sera repoussée, jusqu'à ce qu'elle ait touché quelqu'autre Corps; & alors elle sera derechef attirée par le Tuyau qui la chassera de nouveau après quelque tems. Quelquefois en tenant le doigt à 8. ou 10. pouces du Tuyau, la plume s'élancera du Tuyau au doigt, & du doigt au Tuyau, 30 ou 40 fois de suite.

EXPERIENCE V.

Ayant suspendu à un cordon horizontal (de quelque espece qu'il soit) un fil de soye bien sec, de trois pieds de long, au bout d'en-bas duquel on a attaché une petite plume; & y ayant, à la distance de deux ou trois pieds, suspendu aussi une autre plume (mais avec un fil de lin) le Tuyau frotté attirera la premiere plume, mais après quelque tems la repoussera toutes les fois que l'on l'en aproche, à moins qu'on ne la touche de quelqu'autre Corps, comme dans la quatriéme Experience; & alors elle sera attirée de nouveau. Mais la plume qui pend au fil de lin, ne sera jamais repoussée par le Tuyau qui l'attirera toujours. *N.* Si on moüille le fil de soye, la plume qui y est jointe, ne sera plus repoussée, mais toûjours attirée par le Tuyau.

EXPERIENCE VI.

En aprochant le Tuyau excité du visage, on sent les émanations électriques, comme de petits poils qui frapent les yeux & les joües, & qui attirent les poils des sourcils, & font un petillement. EXPER.

EXPERIENCE VII.

Si l'on se sert d'un Tuyau hermétiquement scellé à un bout avec une virole de cuivre à vis à l'autre bout, pour pomper l'air du Tuyau; en frottant ce Tuyau quand il est vuide d'air, il n'attire plus ni ne donne de la lumiere extérieurement; mais il donne beaucoup plus de lumiere en dedans.

Si on laisse r'entrer l'air lentement à mesure qu'on frotte le Tuyau, cette lumiere diminuë, & etant interrompuë par l'air à mesure qu'il entre, ressemble à des éclairs éloignez, jusqu'à ce qu'enfin il n'y ait plus de lumiere en dedans; ensuite de quoi, elle paroît toute en dehors, & l'attraction retourne.

EXPERIENCE VIII.

Si l'on met sur le guéridon de la premiere Experience, deux petites planches quarrées (d'environ 9. pouces de long, 6. de largeur & de 8. lignes d'épaisseur) de bout sur leurs côtez, érigées parallelement, & à la distance de 6. pouces, de petits morceaux de feüille d'or étant sur le guéridon entre ces planches; quand on aproche le Tuyau frotté, la feüille d'or n'est point attirée, jusqu'à ce que le Tuyau soit tenu entre les deux planchettes, aussi près du guéridon que la moitié dès la distance des planchettes; c'est-à-dire, quand le Tuyau est tellement placé, qu'un cercle décrit autour de l'axe du Tuyau, avec la distance qui est entre cet axe & guéridon, passe entre les planchettes sans les toucher; mais quand le Tuyau étant tenu horizontalement à la distance d'un pied du guéridon, femble n'avoir aucune vertu, la feüille d'or n'ayant aucun mouvement ; fi quelque affiftant ôte tout d'un coup les planchettes, les morceaux de feüille d'or feront attirez & repouffez plufieurs fois, fans un nouveau frottement du Tuyau.

EXPERIENCE IX.

Quand l'air eft bien fec, & que le Tuyau frotté peut attirer jufqu'à la diftance de trois pieds, ou au-delà, les morceaux de feüille d'or de deffus un petit guéridon; fi on met de la même feüille d'or fur une table ou quelque furface large, il faut aprocher le Tuyau tout près, pour qu'il faffe fon effet.

EXPERIENCE X.

Quand l'air eft humide, l'Experience quatriéme ne réüffit pas bien ; car après que la plume dans l'air a été quelque tems chaffée par le Tuyau, elle revient d'elle-même au Tuyau, fans avoir touché un autre Corps; & quelquefois après avoir adhéré au Tuyau vers le milieu, elle s'en fépare, & revient immédiatement s'apliquer au Tuyau vers l'extrêmité la plus éloignée de la main : De même auffi, quand il fait fort fec, & que le Tuyau repouffe la plume, après l'avoir attirée, à la diftance de deux ou trois pieds, on n'a qu'à moüiller le haut bout du Tuyau la longueur de fix ou huit pouces, & la plume viendra s'apliquer à cet endroit du Tuyau, fans avoir touché aucun autre Corps.

EXPERIENCE XI.

Ayant rempli d'eau un petit verre à boire d'environ un

pouce de diamétre, quand on en aproche le Tuyau frotté, l'eau s'éleve au bord du verre comme un petite montagne, quelquefois ſautant vers le Tuyau en petit jet d'eau ſi fin, qu'on a de la peine à le voir, quoiqu'on en trouve le Tuyau tout humecté. On obſerve auſſi que l'eau qui s'eſt accumulée en petit cone, dont l'axe quelquefois tend horizontalement vers le Tuyau, petille & puis retombe, s'aplatiſſant ſur le reſte de l'eau. Dans l'obſcurité, une petite flâme ou plûtôt un petit éclair de lumiere accompagne le petillement.

EXPERIENCE XII.

Si l'on fait joüer d'une fontaine artificielle un petit jet d'eau, d'environ un quart de ligne de diamétre, de bas en haut, ou de haut en bas; quand on en aproche le Tuyau frotté, le jet ſe courbe vers le Tuyau à la diſtance d'un pied; & ſi l'on aproche le Tuyau plus près, le jet étant tout emporté par le Tuyau, ſe change en roſée ſur le Tuyau, c'eſt-à-dire, s'aplique au Tuyau en petites gouttes, pourvû que le jet n'ait pas trop de force de jaillir.

QUELQUES EXPERIENCES REMARQUABLES des effets de l'Electricité communiquée aux Corps non-électriques d'eux-mêmes.

EXPERIENCE XIII.

Ayant étendu horizontalement une ficelle ou une cordelette de chanvre juſqu'à douze cens pieds, à un bout de laquelle étoit ſuſpenduë une boule d'yvoire, d'environ un pouce & demi de diamétre; cette boule a attiré & repoussé de la feüille d'or, quand on a aproché le Tuyau frotté de l'autre bout de la cordelette : on peut aussi aprocher le fil d'épreuve de la boule qui en sera attiré.

N^a. Il faut que tous les suports de cette cordelette soyent des Corps électriques *per se*, soit des cordes de poil, des boyaux ou cordes de violon, des rubans ou fils de soye, des tuyaux de verre, des Corps de soufre ou de résine, &c. & tous ces Corps bien secs.

Nous apellerons ci-après, le non-Electrique étendu en long, qui reçoit l'Electricité, le *Conducteur* d'Electricité; & les Corps sur lesquels il repose, ou par lesquels il est suspendu, les *Suporteurs* du Conducteur, &c.

EXPERIENCE XIV.

Si l'on moüille le conducteur d'Electricité, l'Experience en réüssira mieux; mais il faut prendre bien garde de ne pas moüiller les suporteurs : car le moindre des suporteurs, par exemple le premier, étant moüillé, devient non-électrique, & par là conduit l'Electricité au Corps qui le touche, & de là à la terre où elle se perd, n'avançant pas plus loin sur le conducteur. Si l'on examine les suporteurs par le moyen du fil d'épreuve, on les trouvera électriques environ à 5. ou 6. pouces de chaque côté du conducteur; plus ou moins loin du conducteur, selon que l'air est plus ou moins humide, les conducteurs étant comme soulez en peu d'espace de lElectricité communicative.

EXPERIENCE XV.

Si au lieu d'étendre le conducteur en long, on le fait aller & venir ſur les ſuporteurs pluſieurs fois en lignes paralleles, pourvû qu'elles ſoient aſſez loin (environ à trois pieds) l'une de l'autre, l'Electricité communiquée fera autant de chemin en allant & venant, & donnera la même vertu à la bale ſuſpenduë à l'extrêmité du conducteur.

EXPERIENCE XVI.

Si le conducteur eſt diſpoſé en étoile, la vertu électrique ſe fera apercevoir à toutes les pointes. Par exemple, ſi le conducteur étant étendu du premier ſuport juſqu'à 40. pieds, eſt enſuite diviſé en cinq branches de 20. pieds de long chacune, ſeparées en étoiles, avec une boule à l'extrêmité de chacune; en aprochant le Tuyau frotté du commencement du conducteur, on trouvera par des fils d'épreuve, que toutes les boules auront reçû l'Electricité en même tems.

EXPERIENCE XVII.

Ayant ſuporté ou ſuſpendu par des Corps électriques, une barre de fer de 9. pieds de long, qui avoit trois branches terminées en pointe, à la diſtance de deux pieds l'une de l'autre, l'Electricité communiquée par le Tuyau à l'autre bout, s'eſt fait ſentir en même tems à la jouë de trois perſonnes qui ſe ſont aprochées des trois pointes, par un petillement, une piqueure & une petite flâme de feu vûë dans l'obſcurité.

EXPERIENCE XVIII.

Ayant ſuſpendu un homme horizontalement, comme dans la poſture de nager, par deux cordes de poil, il devient conducteur de l'Electricité. Celle qu'il reçoit par l'aproche du Tuyau frotté, apliqué près de la plante de ſes pieds, lui fait attirer fortement le fil d'épreuve & la feüille d'or avec ſa tête & ſes mains, & aſſez foiblement avec ſes jambes, & preſque point avec ſes pieds. Mais quand on aproche le Tuyau de ſa tête, ſes pieds alors attirent fortement. Si cet homme aproche le doigt du viſage de quelque aſſiſtant, il en ſort de la lumiere, & il ſe fait un petillement, & tous les deux ſentent une piqueure: De même auſſi, ſi quelqu'un paſſe la main près des bras ou des jambes du ſuſpendu, ils ſentiront tous deux la même piqueure; & ſi l'on paſſe une barre de fer prés de celui qui eſt ſuſpendu, il entendra le petillement & ſentira la piqueure. Ce qu'il y a de remarquable, eſt, que ſi celui qui eſt ſuſpendu a un habit de drap qui ne ſoit pas moüillé, on ne ſentira point de piqueure en paſſant la main près de l'habit, & le fil d'épreuve n'en ſera que foiblement, & quelquefois point, attiré. *Na*. Un autre animal ſuſpendu fait le même effet.

EXPERIENCE XIX.

L'Electricité reçûë par le conducteur, s'avance d'un bout à l'autre en une eſpece de tourbillon cylindre, comme on voit par l'Experience qui ſuit. Ayant fait paſſer une ficelle conductrice d'Electricité au milieu d'un cercle de bois placé verticalement ſur un recipient de verre, ſon plan étant à angles droits avec la ficelle; en aprochant le Tuyau frotté de la ficelle, non-ſeulement la boule à ſon extrêmité eſt devenuë électrique, mais auſſi tout le cercle qui étoit à ſix pieds de la boule; car il attiroit le fil d'épreuve tout autour.

EXPERIENCE XX.

Ayant ſuſpendu une fontaine artificielle (qui jouë par la compreſſion de l'air) par des cordes de violon, & ayant ouvert le robinet pour en faire joüer le jet, ſoit horizontalement ou obliquement ou verticalement ou de haut en bas; ſi on aproche le Tuyau frotté du corps de la fontaine, l'Electricité ſe communiquera à tout le jet, qui alors attirera le fil d'épreuve par toute ſa longueur, devenant conducteur d'Electricité.

EXPERIENCE XXI.

Si l'on ſuſpend deux ou trois barres de fer dans la même ligne horizontale, à la diſtance de ſix pouces l'une de l'autre, l'Electricité communiquée par le Tuyau frotté au bout d'une des barres, paſſera de l'une à l'autre juſqu'à l'extrêmité de la derniere barre où on ſentira de la piqueure, entendra du petillement, & verra de la flâme. Si l'air eſt ſec, l'Electricité ſautera d'une barre à l'autre encore plus loin; mais s'il fait humide, il ne faut pas que les barres ſoient éloignées l'une de l'autre plus d'un pouce.

EXPERIENCE XXII.

Ayant ſuſpendu par une corde de violon une branche

d'arbre, qui avoit environ quatre ou cinq cens feüilles, en aprochant le Tuyau frotté, toutes les feüilles ont attiré le fil d'épreuve : Enſuite ayant étendu une groſſe corde, de cette branche à une autre, ſuſpenduë de la même maniere à trente pieds de diſtance; l'aproche du Tuyau frotté a donné de l'Electricité aux deux branches également : Enſuite en mettant un petit fil de lin fort délié, au lieu de de la corde d'une branche à l'autre, l'Electricité s'eſt communiquée auſſi facilement qu'auparavant.

EXPERIENCE XXIII.

Quand on a joint les deux branches par un fil de ſoye blanche, de la même groſſeur que le fil de lin, l'Electricité n'a pas du tout été conduite d'une branche à l'autre; mais ayant moüillé cette ſoye d'un bout à l'autre, elle a conduit l'Electricité auſſi-bien que l'autre fil.

EXPERIENCE XXIV.

Ayant mêlé de la cire jaune avec huit fois la quantité de réſine pour en empêcher la fragilité, & ayant jetté le tout fondu dans un moule, s'élargiſſant de bas en haut, d'environ dix pouces de diamétre, & trois pouces de profondeur; on fait de ces matieres un gâteau, qui étant tiré du moule après qu'il eſt refroidi, paroît être un Corps électrique *per ſe*, qui attire le fil d'épreuve après qu'on l'a chauffé, frotté, ou battu de la main, & quelquefois même ſans qu'on faſſe rien au gâteau, que l'expoſer à l'air. Si l'on met ce gâteau à terre, & qu'un homme ſe tienne deſſus, étendant ſes bras horizontalement, l'aplication du

Tuyau

Tuyau frotté à l'une de ses mains, remplira tout le corps de l'homme d'Electricité ; mais cette vertu sera la plus sensible à la partie la plus éloignée, qui est la main oposée, de laquelle un assistant aprochant son visage, sentira la piqueure, verra la flâme, & entendra le petillement ; la piqueure se fait sentir en même tems à la main de l'homme électrique. Si un autre homme se tenant sur un autre gâteau de résine (ou un gâteau de soufre, ou de toute autre matiere électrique *per se*) à la distance de 30. pieds du premier, tient en main le bout d'une ficelle, ou de quelqu'autre cordon non-électrique, dont le premier tient l'autre bout ; l'Electricité qu'on donne au premier par le Tuyau frotté, se communique au second, qui la fait sentir à ceux qui s'aprochent de sa main la plus éloignée du Tuyau. Mais si on laisse descendre le moindre petit fil de lin de la ficelle, ou des habits d'un de ces hommes, jusqu'à toucher la terre, l'Electricité ne passe point au-delà de ce fil, mais coulant en bas à cet endroit-là, se perd sur la terre. S'il y avoit une cinquantaine d'hommes se tenant sur autant de gâteaux électriques, se communiquant l'un à l'autre par leurs mains, ou par quelques Corps non-électriques, le dernier sera fortement imprégné de l'Electricité que le Tuyau frotté donne au premier. *N*[4]. On en a fait l'épreuve avec une douzaine de personnes ; & on ne sçait à quel nombre pourroit s'étendre cette Electricité communiquée.

Les Corps électriques, pendant qu'ils sont dans l'état d'Electricité, ne peuvent recevoir d'Electricité communiquée (ou n'en reçoivent que très-peu à leurs extrêmitez) du Tuyau ou d'autres Electriques *per se* frottez, & ne peuvent devenir conducteurs d'Electricité. Mais il eſt facile de les changer en non-Electriques; & alors ils deviennent conducteurs d'Electricité comme les autres.

Les Experiences ſuivantes font voir comment les Electriques deviennent non-Electriques.

EXPERIENCE XXV.

Ayant ſuſpendu horizontalement par des ſoyes ſéches, un Tuyau de verre de 5. ou 6. pieds de long, auſſi bien ſec, au bout duquel eſt attachée une boule d'yvoire, on ne peut pas donner d'Electricité à la boule, en apliquant le Tuyau frotté à l'autre bout du Tuyau ſuſpendu; mais d'abord qu'on moüille le Tuyau ſuſpendu d'un bout à l'autre avec une éponge, ce Tuyau conduit l'Electricité, & la boule d'yvoire attire.

EXPERIENCE XXVI.

Comme on a fait voir que l'Electricité conduite, ſaute d'un Corps non-électrique à un autre, il n'eſt pas néceſſaire que l'humidité du Tuyau ſuſpendu ſoit continuë; car après avoir bien ſéché le Tuyau, ſi on le ſuſpend de nouveau, & qu'on trouve qu'il ne reçoit plus d'Electricité, on n'a qu'à ſoufler dedans, & l'humidité du ſoufle le rend non-électrique; & de-là, il reçoit & conduit l'Electricité, la boule d'voire agiſſant ſur les petits Corps comme auparavant. Ce changement d'Electrique en non-Electrique arrive quelquefois par le ſeul changement de l'air, quand de ſec il devient bien humide.

EXPERIENCE XXVII.

Ayant étendu une ficelle de 20. pieds de longueur, conductrice d'Electricité, sur trois suports électriques, dont celui du milieu étoit un bâton de cire d'Espagne, l'Electricité reçûë du Tuyau frotté, aplique à un bout du conducteur, a paru à la boule suspenduë à l'autre bout ; quand au lieu de la boule, on a suspendu le bâton de cire qui avoit servi de suport au conducteur, le fil d'épreuve n'a point été attiré par la cire suspenduë, excepté au bout d'en haut joint à la ficelle ; mais d'abord qu'on a moüillé la cire, elle a attiré fortement le fil d'épreuve dans toute sa longueur. Ensuite en remettant la balle dans sa place, & la cire moüillée dans la sienne, pour suport de conducteur, l'Electricité communiquée s'est arrêtée à la cire, & n'a pas passé plus loin, jusqu'à ce qu'on l'ait séchée.

Il y a des Corps qu'on prendroit pour non-électriques *per se*, parce que toutes les fois qu'on les suspend par des Electriques, ils reçoivent (& deviennent conducteurs) de l'Electricité du Tuyau excité ; mais en les sechant bien au feu, les frottant bien fort, on peut les rendre électriques. Ces Corps & ceux qui d'une Electricité très-forte, sont devenus non-électriques par l'humidité, reçoivent bien l'Electricité du Tuyau frotté, & la conduisent à leurs extrêmitez, mais en plus petite quantité, & ne l'accumulent pas si fort que les non-Electriques *per se*. De-là vient qu'on voit moins de lumiere au bout d'une barre de bois, qu'au bout d'une barre de fer, & qu'on ne sent presque point de piqueure au bout de la premiere, quoique les deux ayent reçû leur Electricité du même Tuyau.

On s'étoit imaginé que les fubftances animales étoient électriques, & que les vegétables ne l'étoient point ; parce qu'on a prefque toûjours réüffi en fe fervant des fubftances animales pour les fuporteurs, & de vegétables pour les conducteurs, de l'Electricité ; mais ce qu'il y a de vrai dans cette fupofition, vient feulement de ce que les foyes, les cordes de violon, cordes de laine & cordes de poil ou de crins de cheval, font des fubftances fort féches, & les vegétaux font ordinairement humides : Car on n'a qu'à moüiller ces fubftances animales, & elles deviennent toutes non-électriques, ne fervant plus comme fuports des conducteurs d'Electricité, mais peuvent la recevoir & la conduire. De même auffi la ficelle dont on fe fert ordinairement pour conduire l'Electricité fort loin, quand elle a été enduite de colle, & qu'elle eft bien féche, ne reçoit plus l'Electricité, jufqu'à ce qu'on la moüille pour la faire devenir non-électrique. Un homme ou quelqu'autre animal fur un gâteau de réfine, ou fufpendu par des cordes de crin ou de foye, eft toujours non-électrique ; mais n'eft tel, que parce qu'il a toûjours de l'humidité : & fi les habits n'en ont pas, ils font électriques *d'eux-mêmes*, & ainfi ne petillent pas. *Voyez l'Experience XVIII.*

Quand on confidere les differentes circonftances de plufieurs Experiences électriques, il femble y avoir une efpece de caprice, ou quelque chofe qu'on ne peut réduire à aucune regle dans ces phénomênes. Car quelquefois une Experience qu'on a fait plufieurs fois fucceffivement, tout d'un coup ne réüffit pas, ou a un fuccès tout contraire, quoique les circonſtances ſemblent être les mêmes. Mais j'eſpere que les concluſions que j'ai tiré de la conſideration de pluſieurs Experiences principales, ſont ſi generales, qu'elles pourront ſervir de regles, pour expliquer toute la bizarerie qui ſemble accompagner les Experiences électriques, & prédire ſûrement ce qui doit arriver dans toutes les aproches & combinaiſons des Corps à l'égard de lElectricité excitée ou reçûë. Avant que de donner des exemples de l'explication des plus remarquables phénomênes, il faut faire mention de quelques Experiences, deſquelles entr'autres, on déduit deux autres propoſitions generales, qu'il faut ajoûter à ce que j'ai dit des Electriques *per ſe*, & des non Electriques *per ſe*, & de la maniere que les uns & les autres gagnent ou perdent de l'Electricité.

EXPERIENCE XXVIII.

Ayant ſuſpendu horizontalement à deux fils de ſoye de quatre pieds de long, un petit Tuyau de verre bien ſec, & un peu frotté; ſi on en aproche en long le grand Tuyau excité, il repouſſe le petit Tuyau, juſqu'à ce que ſes ſoyes deviennent inclinées, de perpendiculaires qu'elles étoient auparavant. Après cela ayant moüillé le petit Tuyau, quand on en aproche le grand Tuyau frotté, il en eſt attiré juſqu'à faire éloigner ſes fils de la perpendiculaire, tout autant vers le Tuyau attirant. De cette Experience & pluſieurs autres, on conclud que les Corps électriques *per ſe* excitez à l'Electricité, repouſſent tous les autres Corps qui ont de l'Electricité, & les attirent d'abord qu'ils ont perdu leur Electricité.

EXPERIENCE XXIX.

Ayant ſuſpendu une plume de Duvet à un fil de ſoye, comme dans l'Experience V. de la cire d'Eſpagne bien frottée, fait le même effet que le Tuyau, mais plus foiblement, attirant la plume, & quand une fois elle s'eſt ſeparée de la cire, la cire la repouſſe continuellement, juſqu'à ce que la plume ait touché un autre Corps. Mais ce qu'il y a de different ici, c'eſt que quand la plume eſt dans un état de répulſion à l'égard de la cire, le Tuyau frotté l'attire ; & quand le Tuyau a donné à la plume ſon état de répulſion, alors la cire frottée l'attire : ce qui fait voir que l'Electricité du verre eſt differente de l'Electricité de la cire. Le feu M. du Fay, Intendant des Jardins du Roy à Paris, a été le premier qui ait obſervé qu'il y a deux ſortes d'Electricitez, & dans un Memoire où il en parle, il fait voir la maniere de trouver quelle ſorte d'Electricité apartient à quelque Corps électrique que ce ſoit.

Pour faire voir l'utilité des regles, loix on principes d'Electricité, on n'a qu'à s'en ſervir pour expliquer les circonſtances bizarres de quelques Experiences, comme par exemple.

1°. Pourquoi ne ſent-on pas une piqueure ſur les yeux en aprochant le Tuyau frotté du viſage, puiſque le bout des doigts d'un homme rendu électrique, ou d'une barre de fer renduë électrique, fait ſentir au viſage qu'on en aproche, une piqueure très-ſenſible ?

Réponſe. Parce que les émanations électriques venant du Tuyau au viſage, ne ſont que celles qui partent de l'endroit du Tuyau qu'on en aproche ; au lieu que la barre donne des émanations accumulées de l'Electricité qu'elle a reçû de toute sa longueur & du Tuyau à plusieurs reprises.

2°. D'où vient que la plume, qui ayant été attirée par le Tuyau, s'en sépare, en est toûjours repoussée, jusqu'à ce qu'elle ait touché un autre Corps.

Réponse. Parce que les Electriques se repoussent les uns les autres. La plume donc, d'abord qu'elle a été imprégnée de l'Electricité du Tuyau, en est chassée, ce qui continuë toûjours pendant qu'elle garde son Electricité, laquelle elle perd d'abord qu'elle touche à un autre Corps ; & alors étant redevenuë non-électrique, le Tuyau l'attire de nouveau : & recevant ainsi alternativement de l'Electricité, & la perdant, elle saute plusieurs fois du Tuyau au doigt. *Voyez l'Experience IV.*

3°. D'où vient que cela n'arrive pas quand l'air est humide ?

Réponse. Parce que la plume étant devenuë électrique, attire les particules humides qui nagent dans l'air, & par là perdant son Electricité, est derechef attirée par le Tuyau. Le Tuyau aussi à l'endroit qui a été le moins frotté, perd son Electricité par les particules humides qu'il attire de l'air ; & devenant non-électrique en cet endroit (comme quand on le moüille exprès (attire la plume, avant qu'elle ait perdu son Electricité.

4°. D'où vient qu'un conducteur d'Electricité quelquefois, sans rien changer, perd sa vertu, & cesse de conduire l'Electricité, quoiqu'on continuë de frotter le Tuyau à un de ses bouts ?

Réponse. Parce que quelqu'un des ſuports du conducteur a imbibé de l'humidité de l'air, par quoi il eſt devenu non-électrique. Cela m'eſt arrivé en me ſervant pour ſuport d'une liziere de chapeau, un jour qu'il faiſoit humide. Cette liziere ayant été chauffée, ſuportoit bien le conducteur; mais en une demi-heure ayant imbibé un peu d'humidité de l'air, elle arrêtoit le cours de l'Electricité. Quand on ſe ſert de Tuyaux de verre pour ſuports, cela arrive quelquefois ſi l'air eſt fort humide.

5°. D'où vient que la plume ſur la broche de l'Experience II. étend ſesfibres en les ſéparant par l'attraction du Tuyau, & que le doigt les repouſſe quand le Tuyau en eſt aproché; mais les attire quand on a ôté le Tuyau?

Réponse. Les fibres de la plume s'étendent comme les rayons d'une ſphere, parce qu'étant devenus électriques, ils ſe repouſſent. Le doigt les repouſſe, parce qu'il reçoit de l'Electricité du Tuyau; mais quand on a éloigné le Tuyau, le doigt perd ſon Electricité, & alors il attire la plume qui eſt encore électrique.

6°. D'où vient que dans l'Experience VIII. & IX. le Tuyau frotté attire les morceaux de feüille d'or de beaucoup plus loin, quand on les met ſur un guéridon iſolé, que quand on les met ſur une table, ou quand on les renferme de deux côtez par des planchettes ſur le guéridon?

Réponse. Parce que les émanations électriques s'élançant du Tuyau, retournent en cercle vers le Tuyau, & emportent avec ſoi tous les petits Corps non-électriques qu'ils trouvent en chemin à leur retour; mais ſi les Corps non-électriques ſont trop peſans pour être amenez vers le Tuyau, les

les émanations électriques s'y attachent, & coulant le long de ces Corps, se perdent quand ces Corps ne sont pas isolez ou terminez par des Electriques : mais quand ils le sont, l'Electricité s'accumule aux extrêmitez de ces Corps les plus éloignez du Tuyau. N[a]. Le Tuyau attire la plume couverte d'un verre, parce que les émanations électriques tout comme la lumiere (dont elles semblent participer) penétrent facilement les Corps électriques qui n'empêchent pas leur circulation.

Faute d'avoir des regles établies (c'est-à-dire, des principes déduits de l'Experience) par lesquelles on peut expliquer les phénomênes les plus bizarres, on s'est imaginé plusieurs proprietez de l'Electricité de certains Corps, qu'enfin l'Experience a réfuté ; comme par exemple, que les Corps de differentes couleurs recevoient plus ou moins d'Electricité ; ce qui venoit seulement de ce qu'ils étoient plus ou moins humides. On a aussi cru que de petits Corps électriques suspendus à des fils, circuloient autour d'une barre de fer posée sur un gâteau de résine, à la maniere des Planetes autour du Soleil ; ce qui n'est arrivé que de ce que celui qui faisoit l'Experience, avoit envie que la chose fût ainsi, & communiquoit ce mouvement sans y penser ; ce qui n'arrivoit point à un autre : & de même de plusieurs autres circonstances qui ne méritent pas qu'on en fasse mention.

Quoique je n'aye point essayé de deviner la cause de l'Electricité, ou son usage dans le monde physique, n'ayant point de phénomêne pour les établir suffisamment, j'espere d'avoir satisfait à ce que Messieurs de l'Academie peuvent attendre ſur ce ſujet, en donnant des regles ou principes pour expliquer ou rendre raiſon des Experiences qu'on a fait juſqu'ici, & peut-être qu'on fera ci-après.

Cependant ſi on ſouhaite quelques conjectures, en voici.

Je m'imagine que les particules d'air pur ſont des Corps électriques toûjours dans l'état d'Electricité, & de l'Electricité vitrée.

1°. Parce que les particules d'air ſe repouſſent les unes les autres ſans ſe toucher. Des Experiences faites ſur la réſiſtance de l'air ont prouvé cette verité.

2°. Parce que quand l'air eſt ſec, le Tuyau frotté, ou ſeulement échauffé, élançant ſes émanations, l'air les renvoye vers le Tuyau, d'où elles s'élancent de nouveau, & continuent long-tems en vibration; ce qui continuë leur Electricité.

3°. Parce que la plume renduë électrique par le Tuyau, garde ſon Electricité très-long-tems dans l'air ſec; au lieu que quand l'air eſt humide, les particules d'humidité qui ſont non-électriques, rendent la plume & le Tuyau même non électriques en peu de tems.

Si la choſe eſt ainſi, il ſera facile de rendre raiſon de l'Experience qui ſuit.

EXPERIENCE XXX.

Feu M. Hauhsbée ayant pompé l'air d'une ſphere de verre, la fit tourner ſur ſon axe par le moyen d'une rouë avec une corde & poulie, & frottant ce globe de verre de la main pendant ſon mouvement, il y eut une grande lumiere tirant ſur le violet dans le verre, ſans aucune lumiere ou attraction en dehors du verre, comme il arrive quand on n'a pas ôté l'air. Ensuite en laissant rentrer l'air, la lumiere est interrompuë & diminuë peu à peu, jusqu'à ce qu'elle ne paroisse qu'extérieurement, ou elle est alors accompagnée d'attraction. Ne seroit-ce pas que l'air résistant en dehors, arrête les émanations électriques, qui vont où il y a le moins de résistance, puisque l'air, en rentrant, semble repousser ces émanations, qui ne vont plus en dedans quand tout l'air est rentré. Si la chose est ainsi (comme il paroît aussi par l'Experience VII.) la conjecture que l'air est électrique, ne seroit-elle pas prouvée ?

On trouve par plusieurs Experiences du Docteur Hales, dans sa Statique des Vegetaux, traduit par M. de Buffon, imprimé à Paris in 4°. 1735. que l'air est absorbé & perd son élasticité par le mélange des vapeurs sulphurées ; de sorte que quatre pintes d'air sont réduites à trois. Ce phénomêne ne s'expliqueroit-il pas par la consideration de la differente Electricité du soufre & de l'air ? Les particules du soufre étant électriques, se repoussent les unes les autres, & celles de l'air tout de même : mais l'air étant d'une Electricité vitrée, & le soufre d'une Electricité résineuse, les particules de l'air attirent celles du soufre, & le composé devenant non-électrique, perd sa force répulsive.

On a assez long-tems cru, que les vapeurs d'eau qui s'élevent dans l'air pour former les nuages, s'élevoient, parce que l'eau qui est specifiquement plus pesante que l'air, étant formée en petites bulles remplies d'un air plus subtil, devenoit plus leger que l'air ambient, & ainsi montoit en vapeur comme de la fumée : Mais on est revenu de cette opinion, laquelle auſſi je crois qui eſt entierement refutée dans les Tranſactions philoſophiques de Londres. Ce phénomène ne dépendroit-il point de l'Electricité de l'air de cette maniere ? L'air qui voltige ſur la ſurface de l'eau, eſt électrique, & d'autant plus qu'il fait plus de chaud : de la même maniere que les parties aqueuſes ſautent vers le Tuyau, ces particules ne ſauteroient-elles pas vers les particules d'air, qui ont beaucoup plus de gravité ſpecifique que les plus petites particules d'eau ? Enſuite l'air dans ſon mouvement ayant emporté les particules d'eau, les chaſſant d'abord qu'il les a rendus électriques, elles ſe repouſſent les unes les autres, ce que font auſſi les particules d'air. De-là vient qu'un pouce cubique de vapeur eſt plus leger qu'un pouce cubique d'air ; ce qui n'arriveroit pas, ſi la vapeur étoit ſeulement emportée dans les interſtices de l'air : car alors un pouce cubique d'air chargé de vapeur, ſeroit devenu plus peſant qu'un pouce d'air ſec ; ce qui eſt contraire à l'Experience, qui nous fait voir par le Barométre, que l'air humide, ou plein de vapeurs, eſt toûjours plus leger que l'air ſec.

Serò Sapiunt Phryges.

www.ingramcontent.com/pod-product-compliance
Ingram Content Group UK Ltd.
Pitfield, Milton Keynes, MK11 3LW, UK
UKHW022145260726
13993UKWH00005B/2177